OBSERVATIONS SUR L'ORIGINE DU MIEL.

POUR faire connoître d'où le Miel tire ſon origine, il ſuffira de développer celle d'un ſel végétal doux ou ſucré qui en eſt la matière, & qui paroît ſous une forme ou fluide ou viſqueuſe & en petites gouttes connues ſous le nom de Miélée.

(*) A l'Aſſemblée publique de la Société-Royale des Sciences de Montpellier, le 16 Décembre 1762.

En effet la Miélée, qu'on appelle auſſi miélure ou miélat, eſt bien ſouvent l'unique ſubſtance que cueillent les Abeilles pour compoſer leur Miel ; & il ne paroît pas qu'elles y faſſent autre choſe que d'en raſſembler les parcelles de différens endroits, pour les mettre en réſerve dans leurs cellules ; le tems ſeul, ou le ſéjour dans la Ruche perfectionne cette matière & lui donne la conſiſtance requiſe.

La partie des fleurs que les Botaniſtes appellent Nectarium, ou vaſe à Nectar, eſt le réſervoir le plus connu où les Abeilles vont puiſer une liqueur, qui au fond, eſt la même que la Miélée ; mais après que les fleurs, ou au moins que le plus grand nombre eſt paſſé, la Miélée proprement dite fournit à ces Mouches induſtrieuſes une récolte abondante qui excéde à certains jours leurs beſoins, ou leur avidité.

J'ai obſervé deux ſortes de Miélée, qui paroiſſoient d'ailleurs de même nature & dont les Mouches à Miel s'accommodent également ; on verra par

OBSERVATIONS SUR L'ORIGINE DU MIEL.

Par Mr. l'Abbé *BOISSIER DE SAUVAGES*, de la Société-Royale des Sciences de Montpellier; Membre de l'Académie Impériale Physico-Botanique & de celle des George-Fili de Florence.

A NISMES,
Chez *GAUDE*, Libraire.

M. DCC. LXIII.

Avec Approbation & Privilége de l'Académie.

m'aſsûrai que celui-ci avoit toute la douceur du Miel ; ce qui ſuffiſoit ſeul pour décéler ſon origine, ſans lever cependant les doutes qu'oppoſe un préjugé contraire.

La Miélée d'une Ronce voiſine n'étoit pas de même : les petits globules ayant ſans doute conflué, ou s'étant joints l'un à l'autre, ſoit par l'humidité de l'air qui les auroit délayés, ſoit par la chaleur qui eût aidé à les faire étendre ; ils formoient de groſſes gouttes ou de larges enduits dont la matière deſſéchée étoit devenue par-là plus viſqueuſe ; c'eſt ſous ces dernières formes qu'on voit communément la Miélée ; il n'eſt pas étonnant qu'on n'y ſoupçonne pas de tranſpiration.

Dans la ſaiſon où je rencontrai la Miélée en globules du Chêne-Verd, cet arbre portoit deux ſortes de feuilles ; les vieilles d'un tiſſu ferme, telles que celles du Houx, ou des arbres qui aux approches de l'Hyver ne ſe dépouillent pas ; & les nouvelles encore tendres & qui avoient pouſſé depuis peu : il n'y avoit conſtamment de Miélée que ſur les feuilles d'un an ; cependant ces feuilles étoient couvertes par les touffes de la nouvelle pouſſe & par conſéquent à l'abri de toute eſpéce de bruine qui auroit pû tomber : ce qui prouve aſſez bien, je penſe, que la Miélée n'eſt point étrangere aux feuilles des arbres qui en ſont mouillés, ou qu'elle n'y tombe pas d'ailleurs comme on le croit vulgairement ; puiſque la nouvelle pouſſe de nos Chênes qui auroit dû en être touchée la premiere, comme étant plus expoſée, n'en avoit cependant pas la moindre goutte.

La même ſingularité me frappa dans la Miélée de la ronce : quoique par la conformation de cet arbriſſeau toutes ſes feuilles ſoient à-peu-près expoſées également à l'air, ou à la chûte qui s'y feroit verticalement, il ne paroiſſoit de Miélée que ſur les vieilles feuilles ; les recentes n'en avoient pas plus que la nouvelle pouſſe du Chêne dont nous avons parlé ; le ſuc miéleux n'ayant pas eu ſans doute un tems ſuffiſant pour être formé dans la partie

la ſuite que l'une & l'autre tire ſa ſource des végétaux, quoique d'une façon bien différente.

La premiere eſpéce, la ſeule connue des Agriculteurs & qui paſſe pour une ſorte de roſée qui tombe ſur les arbres, n'eſt cependant autre choſe qu'une tranſudation ou une tranſpiration ſenſible de ce ſuc doux & miéleux qui après avoir circulé avec la ſéve dans les différentes parties de certains végétaux, s'en ſépare, & va éclorre tout préparé, ſoit au fond des fleurs, ſoit à la partie ſupérieure des feuilles (ce qui eſt notre Miélée) & qui dans certaines plantes ſe porte avec plus d'abondance ; tantôt dans la moëlle, telle que celle de la canne à ſucre & du Maïs ; tantôt dans la pulpe des fruits charnus, qui dans leur maturité ont plus ou moins de ſaveur douce, ſelon que ce ſuc miéleux eſt plus ou moins bridé par d'autres principes, ou plus ou moins développé.

Telle eſt l'origine de la manne des Frênes & des Erables de Calabre & de Briançon qui découle abondamment lorſqu'elle eſt fluide des feuilles & du tronc de ces arbres & qui prend en s'épaiſſiſſant la forme concréte, ſous laquelle elle eſt communément employée.

J'avois depuis long-tems conjecturé que la Miélée répandue ſur les feuilles des arbres de ce pays-ci, n'en étoit qu'une tranſpiration, quoique la forme des gouttes n'y reſſemblât guere & imitât plutôt celle d'une eſpéce de pluye : en examinant de près différens arbres miélés, le hazard me fit rencontrer ſur un Chêne-Verd de la Miélée récente & dans ſa forme primitive, qui eſt celle d'une humeur tranſpirée : les feuilles étoient couvertes de milliers de globules, ou de menues gouttes arrondies & ſerrées, ſans ſe toucher cependant ni ſe confondre; telles, à-peu-près, qu'on en voit ſur les plantes où un brouillard épais s'eſt long-tems repoſé. La poſition de chaque globule ſembloit déjà indiquer & le point d'où il étoit ſorti & le nombre des pores ou des glandes de la feuille dans leſquelles ce ſuc miéleux eſt préparé : je

toriens étoient les échos, ont long-tems bercé leurs crédules lecteurs de pluyes de ſang & d'autres matières plus ſolides; celle de la Miélée, qui tient moins au merveilleux, étoit encore plus aiſée à ſe perſuader; puiſqu'on ne l'apperçoit guere ſur les arbres & entre-autres ſur nos Mûriers (*a*) que dans le tems où il paroît de gros nuages dans l'air, pendant les chaleurs de Juin & de Juillet : ce n'eſt cependant pas de-là que part la Miélée; les nuages ne concourrent dans ce cas à ſa production qu'en ce qu'ils occaſionnent un ſurcroît de chaleur en réfléchiſſant vers la terre les rayons du ſoleil : les chaleurs ordinaires ne font tranſpirer que les ſucs des plantes les plus volatils; au lieu que celle qui eſt pouſſée à un plus fort degré en exprime les ſucs fixes ou plus viſqueux tel que celui de la Miélée. (*b*)

(*a*) Cet arbre eſt moins ſujet que les autres à être miélé ; & bien en prend à nos Vers à ſoie pour qui la feuille miélée eſt un poiſon ſubit & mortel.

(*b*) Les couloirs par où le ſuc miéleux ſe

Ce qui aide encore à l'illusion sur sa chûte prétendue du haut de l'air, c'est qu'il n'y a que la partie supérieure des feuilles qui en soit mouillée : mais on a vû d'abord que la mouillure n'arrive que sur certaines feuilles, c'est-à-dire, les nouvelles & les moins exposées & cette affectation ne seroit pas l'effet du hazard : on sçait d'ailleurs que c'est sur ce côté de la feuille où les pores sont plus ouverts & plus marqués, que se fait la plus grande transpiration des végétaux ; c'est là qu'aboutissent les vaisseaux excrétoires par où s'échappent les humeurs de la plante, de même que les absorbans qui servent à sa nutrition, en attirant l'eau de la pluye & des vapeurs répandues dans l'air.

filtre au fond des fleurs sont plus larges probablement ou autrement disposés que ceux des feuilles, puisqu'il y a toujours de ce suc dans les vases à nectar dans quelque-tems que la plante fleurisse & dans la saison la plus défavorable à la transpiration : j'en ai trouvé dans les fleurs de l'Arbousier des champs pendant les froids de Novembre, & les Abeilles y alloient butiner pour peu qu'elles y fussent invitées par quelque rayon de soleil.

tendre de ces végétaux ou pour y être extrait de la séve ; ce n'est l'effet probablement que d'une longue exposition à l'air, peut-être à ses intempéries, & sur-tout au soleil qui doivent être regardés comme les vrais agens de cette sécrétion.

Il y a plus ; les plantes & les arbrisseaux du voisinage de nos arbres Miélés, mais d'une autre espéce & d'une nature peu propre sans doute à la formation du suc dont nous parlons, n'en portoient pas le moindre vestige ; il n'en paroissoit point à terre au tour de ces arbres, sur les pierres, sur les Rochers où la Miélée quoique desséchée laisse long-tems des taches, comme nous le verrons plus bas, en parlant d'une autre Miélée qui tombe, mais dont la chûte ne se fait jamais de plus haut que des feuilles des arbres ; ce qui est une nouvelle preuve que cette premiere espéce de manne liquide ne vient point du ciel, ou des nuages comme de la bruine, puisqu'elle se répandroit indifféremment sur toute sorte de corps & qu'elle n'affecteroit point certains végétaux & même quelques-unes de leurs parties à l'exclusion de tout autre.

Il est vrai, & c'est la seule objection qui se présente, il est vrai que la rosée selon les expériences de M^r. du Fay est attirée par certains corps, tandis qu'elle ne l'est point par d'autres : mais on sait que ce météore qui s'éleve le plus souvent de terre, voltige toujours dans l'air où il obéit au moindre souffle & à la plus foible attraction & qu'il s'attache au-dessous comme au-dessus des feuilles des arbres ; s'il tomboit comme de la bruine il mouilleroit indifféremment tous les corps ; l'accélération de sa chûte lui feroit surmonter l'obstacle des petites répulsions qu'il trouveroit sur son chemin. On verra d'ailleurs dans la suite de ces Observations que la Miélée réduite en de très menues gouttes par une autre voie bien naturelle, & que je crois jusqu'ici inconnue, n'affecte en tombant aucune sorte de corps par préférence à d'autres & qu'elle adhére sur tous également.

D'anciens Naturalistes dont les His-

percer & ne s'attachent qu'aux rameaux d'un an dans lesquels ils enfoncent un éguillon qui leur sert en même-tems de trompe & de suçoir.

C'est dans leur estomac ou peut-être dans les dernieres voies que ce suc d'abord âpre & revêche sous l'écorce, prend une saveur douce toute pareille, à en juger par le goût, à celle de la Miélée végétale, tant celle qui transpire des feuilles, que celle qui naît dans les Vases à Nectar & si cette derniere a quelque chose de plus, c'est qu'elle se mêle avec l'huile essentielle des fleurs qui donne au Miel ses différens parfums. (*c*)

Les pucerons sont les seuls animaux que je connoisse qui fabriquent réellement du Miel : leurs visceres en sont le vrai laboratoire ; ce mixte ou une bonne partie de sa totalité, n'est que

(*c*) Je plantai à Sauvage, au pied d'un Rucher, une haie de Romarin ; depuis cette époque, le Miel des Ruches qui auparavant n'avoit aucune odeur particuliere fut parfumé de celle de cette plante dont les fleurs fournissent long-tems aux Abeilles.

l'excédent ou le résidu de leur nourriture dont ils se déchargent comme nous l'avons dit, par les voies ordinaires. Les Abeilles à qui l'on voudroit en faire honneur n'y ont de part qu'en qualité de manœuvres dont l'emploi est de ramasser les différentes espéces de Miélées : elles la mettent, comme on sçait en entre-pôt dans une espéce de jabot qu'elles tiennent près de la bouche, pour la reverser de-là dans leurs alvéoles qui en sont le magasin, sans y faire d'ailleurs de changement ou d'altération qui soit au moins, sensible.

Je l'ai éprouvé bien des fois en pressant entre les doigts le corcelet des Abeilles qui revenoient de leur tâche; j'ai pris de même à la gorge de ces gros bourdons velus & bariolés de deux ou trois couleurs qui gagent leur vie au même métier; en me tenant toujours en garde contre l'éguillon, je les obligois à rendre la liqueur qu'ils venoient de cueillir & d'avaler : la grosse goutte qui leur sortoit à la bouche & que je succois sur l'animal même,

Si l'on raſſemble les différentes preuves que je viens d'apporter, il paſſera pour conſtant, ou je m'en flatte, que cette premiere ſorte de Miélée tranſpire des feuilles de certains arbres & qu'elle n'y tombe pas. Ce ſeroit fatiguer ſans raiſon cette illuſtre aſſemblée & paroître ſe défier de la pénétration & des lumiéres de ceux qui la compoſent que d'inſiſter encore & de ne ceſſer de prouver ; je me hâte de paſſer à l'autre Miélée d'abord annoncée avec celle dont je viens de parler.

On n'avoit point encore obſervé, que je ſçache cette ſeconde eſpéce l'unique reſſource des Abeilles, ou peu s'en faut, lorſque le Printems eſt paſſé avec la plûpart des fleurs qui l'embelliſſent & que la Miélée par tranſpiration ne donne qu'à certains jours de fortes chaleurs.

L'origine de cette ſeconde Miélée n'eſt rien moins que céleſte, étant produite immédiatement par un Inſecte vil & hideux, ou qui nous paroît tel ; c'eſt, puiſqu'il faut le nommer, d'un chetif Puceron qu'elle vient ;

& ce n'eſt encore que la déjection qu'il rend par le derrière & cette déjection fait cependant partie du Miel le plus délicat dont on ſe régale ; mais ſans s'arrêter avec le vulgaire aux noms ou aux préjugés, il eſt certain que cet excrément, qui eſt fluide & qui mériteroit plutôt le nom d'élixir, ne cede en rien à ce que l'autre Miélée peut avoir au goût de doux & d'agréable.

Nos Pucerons extraient cette liqueur, ou ce qui en fournit la matière à travers l'écorce de certains arbres, ſans leur nuire d'ailleurs, ſans y cauſer même de difformité, telle qu'en produit l'eſpéce qui fait recroqueviller les feuilles & celle dont la piquure fait croître ſur les bourgeons de l'Orme & du Thérebinte des galles creuſes : ils y reſtent immobiles pluſieurs mois de l'année occupés de leur travail, ou à attirer la séve dont ils ſe nourriſſent.

Nos Inſectes inſtruits de bonne-heure de l'eſpéce de rameau qui leur convient dédaignent ceux qui ſont tendres ou récents quoiqu'ils ſoient plus faciles à

me, étoit d'un jaune clair, tranſparent & me paroiſſoit de même qualité que les Miélées ordinaires dont le goût m'étoit familier.

J'ai obſervé deux eſpéces de Pucerons qui vivent à découvert ſur l'écorce des jeunes branches ; ils ſont nûs & ſans aîles ; je parle des femelles (quoique j'employe le nom vulgaire qui déſigne l'autre ſexe) ; elles ſont le gros de la peuplade & ſont les ſeules qui travaillent à la Miélée : chaque Fourmilliere a d'ailleurs deux ou trois mâles aîlés à ſa ſuite ; ce ſont des bouches inutiles qui vivent du travail de leurs Campagnes ; au moins les ai-je toujours vû ſe promener nonchalamment ſur le dos de la troupe femelle, ſans s'embarraſſer comme elle de ſuccer ſur l'écorce.

L'une & l'autre eſpéce vit en ſociété & habite par pelotons dans différens coins du même arbre : les Pucerons s'y tiennent ſerrés l'un contre l'autre tout-au-tour du rameau dont ils cachent entièrement l'écorce ; & l'on remarquera qu'ordinairement ils y prennent une attitude qui nous paroîtroit ſans doute gênante ; mais chacun a ſes uſages ; celui de nos Inſectes eſt de s'accrocher ſur la branche le ventre en haut & la tête en bas : l'on doit même préſumer qu'ils ont pour en uſer ainſi, des raiſons que je tâcherai de deviner dans un moment.

Nous obſerverons en attendant que la plus petite des deux eſpéces participe de la couleur de l'écorce ſur laquelle ces Inſectes vivent & qui eſt le plus ſouvent verdâtre. On les diſtingue ſurtout à deux cornes ou filets charnus, droits, immobiles, qui s'élevent perpendiculairement des parties latérales & inférieures du ventre ou abdomen, une de chaque côté : c'eſt l'eſpéce qui habite ſur les tiges de ronce & de ſureau.

L'autre plus groſſe du double, & que j'ai ici principalement en vûe, puiſqu'elle diſtile la Miélée que les Abeilles cueillent, eſt noirâtre & n'a point de cornes comme la précédente ; mais elle eſt marquée dans cette partie de la peau d'un petit bouton noir & luiſant comme du jayet.

Prévenu de ce qu'auroient avancé quelques Naturalistes & que j'ai vû depuis répété par d'autres, je croyois que ces cornes portoient au bout, comme ils l'assûrent, une liqueur que les Fourmis y alloient succer : mais en y regardant de près, je reconnus que ce qui attiroit les Fourmis sortoit d'ailleurs dans les grands & les petits Pucerons, & qu'il n'en suintoit pas plus des cornes de ces derniers que de celle que les Chenilles portent sur la queue.

Quelques Abeilles me donnerent lieu de m'éclaircir sur cela : leur bourdonnement au milieu d'une toufe de Chêne-verd me fit soupçonner que quelqu'intérêt pressant les y attiroit. En effet quoique ce ne fût ni la saison de la Miélée que je connoissois, ni sa place ordinaire, j'en vis avec surprise des feuilles & des branches toutes couvertes au centre de la toufe : c'étoit une petite fête pour ces Mouches qui cueilloient tout en bourdonnant les gouttes miéleuses.

La forme singuliere de celles-ci attira mes regards & occaſionna la petite découverte que je rapporte : au lieu d'êtres arrondies comme celles qui ſeroient tout ſimplement tombées ; elles formoient chacune un petit ovale fort allongé : il ne me fut pas difficile de découvrir d'où elles pouvoient partir, les feuilles engluées étoient placées au-deſſous d'un de ces eſſaims ou fourmillieres de gros Pucerons noirs ; en les examinant, j'en appercevois de tems à autre qui redreſſant leur abdomen, feſoient paroître au bout une petite larme de liqueur tranſparente & couleur d'ambre qu'ils lançoient l'inſtant d'après à quelques pouces loin : j'éprouvai en portant à la bouche celles que j'avois recueillies ſur ma main, qu'elles avoient le même goût que celles des feuilles où il en étoit déjà tombé.

J'eus occaſion de voir la même manœuvre dans la petite eſpéce, ou chez les Pucerons cornus ; ils lancent la goutte du même endroit, de la même façon & dans une ſituation toute pareille.

Cet élancement, au reſte, qui donne

ſeul à la goutte une forme allongée, n'eſt point d'ailleurs pour les Pucerons une choſe indifférente ou faite au hazard ; il paroît au contraire avoir été réglé par une ſage police pour entretenir la propreté chez ce petit peuple, ou pour garantir de toute ſaliſſure & l'Inſecte lui-même qui pouſſe loin cet excrément & ſes camarades preſſés contre lui qui ſauf cette manœuvre ſeroient englués & bien-tôt hors d'état d'agir.

On comprend en effet que ſi la goutte ſortoit ſans effort, l'Inſecte qui s'en délivre étant poſté comme nous l'avons dit, le ventre en l'air & la tête en bas, cet excrément retomberoit ſur lui le premier avant que ſes compagnons en fuſſent éclabouſſés. Mais auſſi à quoi bon dira-t'on une poſture ſi biſarre ? Il y a toute apparence que dans les mœurs des Pucerons elle n'a rien de choquant, qu'elle leur eſt même néceſſaire ; au moins leur eſt-elle très commode pour lancer la goutte avec avantage.

Pour en juger, on n'a qu'à faire

attention que leur ventre ou abdomen étant vingt fois plus gros que le reſte du corps, c'eſt-à-dire, la tête & le corcelet pris enſemble, c'eſt tout ce qu'ils ſçauroient faire que de le traîner lentement après eux ; or ſi l'Inſecte étoit dans une attitude contraire à celle que nous avons vûe il lui ſeroit plus difficile de ſoulever de bas en haut cette lourde maſſe, lorſqu'il s'agit de la dégager de la preſſe, pour que l'expulſion de la goutte franchiſſe la troupe & paſſe par de-là ; au lieu qu'ayant la tête en bas & le large ventre y portant à plein, nos Pucerons font un bien moindre effort pour le pencher un peu en avant lorſqu'ils ſentent quelque beſoin : cependant avec tout l'avange que cette ſituation leur procure, il paroît qu'ils ſe donnent encore un trémouſſement comme pour ramaſſer toutes leurs forces.

Je n'ai obſervé ceci conſtamment que dans la belle ſaiſon ; lorſque l'Hyver approche, le froid ou les pluyes obligent les Pucerons à ſe ranger du côté de la branche où ils ſont plus à l'abri : comme ils ne tirent alors que peu de ſuc de l'écorce & que les déjections ſont rares, ils ſe placent indifféremment le ventre en haut ou en bas ; la fraîcheur ranimant leur force ſupplée, peut-être, au-déſavantage de cette dernière attitude pour relever le vaſte abdomen, ou pour ranger l'anus de façon que le voiſinage n'en ſouffre pas : au ſurplus, tant pis pour celui qui eſt englué ; dans cette fâcheuſe ſaiſon où la plûpart des Pucerons ne fait plus que languir, chacun vit & s'arrange comme il peut, ou comme il l'entend.

Les gouttes de la liqueur élancée tombant à terre au défaut des feuilles & des branches, les pierres ſont long-tems tachées ſi la pluye ne vient les laver : c'eſt la ſeule eſpéce de Miélée qui tombe ; mais ſa chûte n'arrive jamais au-de-là de la portée des branches où les Fourmillieres de Pucerons ſont appliquées.

Cette derniere circonſtance & ce qui la précéde immédiatement m'ont donné l'explication d'un Phénoméne qui m'avoit autrefois embarrasse. Je passois sous un Tilleul du Jardin du Roi à Paris lorsque je me sentis tomber sur les mains de très menues gouttes que je prenois d'abord pour de la bruine; je devois cependant en être à couvert sous l'arbre & je l'évitois au contraire en m'en éloignant; un banc placé au-dessous en étoit tout luisant; en y tâtant je sentis une matière gluante; c'étoit de la Miélée.

Mais ne connoissant alors que celle qui transpire des végétaux; comment, me disois-je à moi-même, une substance aussi visqueuse peut-elle tomber immédiatement des feuilles en de si petites gouttes, tandis que l'eau de la pluye ne peut s'en détacher & surmonter son adhérance naturelle que lorsqu'elle est en de bien plus grosses masses? Je n'imaginois point alors la Miélée élancée par les Pucerons; celle-ci étoit sûrement de leur façon ayant sçû depuis, que le Tilleul est très sujet à cette vermine & que c'est un des arbres qui abondent le plus en cette sorte de suc miéleux.

La Mouche à Miel, n'eſt pas le ſeul Inſecte, comme nous l'avons déjà inſinué qui en faſſe ſes délices ; les Fourmis ont à ce nectar des droits auſſi bien établis & en ſont tout auſſi friandes. Des Naturaliſtes avoient déjà obſervé l'appétit de ces dernieres, ſans connoître le réſervoir de ce qui en fait l'objet : elles tournent au tour des eſſaims des Pucerons pour épier le moment où tombe leur manne ; bien différentes des Abeilles, les Fourmis qui vivent au jour la journée, ne travaillent, de plus, que pour leur compte ; au moins ne profitons-nous pas d'une excédant de récolte qu'elles faſſent.

Deux ſortes de Fourmis vont en quête des Pucerons ; chacune a ſon diſtrict ſéparé & ne va point chaſſer ſur les plaiſirs d'une autre quoique plus foible. Les groſſes Fourmis noires des bois ont leur département ſur les Pucerons noirs des Chênes & des Chataigniers ; des Fourmis plus petites vont faire leur cour aux Pucerons verds du Sureau : les pinces des unes & des autres ne ſont pas propres à ramaſſer la Miélée qui eſt applatie ſur les corps où elle tombe ; elles l'abandonnent aux Abeilles dont l'attelier eſt par-deſſous, & s'établiſſent elles-mêmes à la ſource pour ſaiſir l'inſtant, comme nous l'avons dit, où la liqueur déſirée paroît en forme de goutte au bout de l'anus.

On n'accuſe point les Fourmis d'être pareſſeuſes, les nôtres ſe tiennent aux aguets ſans relâche au tour des Pucerons ; elles en attendent les momens de faveur avec inquiétude & la bouche béante, ou les pinces ouvertes, pour ſe précipiter ſur la premiere goutte qui ſe préſentera : ſi elle leur échape, il faut ſe réſoudre à patienter juſqu'à l'apparition d'une nouvelle où l'on ſe promet de mieux faire.

Certaines plantes fourniſſent peu d'extrait à leurs Pucerons; & ce que ces Inſectes en rendent eſt même preſque tout enlevé par les petites Fourmis. Il eſt d'autant plus aiſé à ces dernieres paraſites de ne laiſſer rien perdre de l'excrément liquide que celui des petits Pucerons demeure un peu de tems arrêté à la pointe de l'anus avant d'être poussé au-dehors; ce qui ôte toute espérance aux Abeilles de pouvoir rien grapiller après les petites Fourmis.

D'autres arbres tels entre autres, que le Chêne & le Chataigner fournissent beaucoup plus de cet élixir aux gros Pucerons noirs ; sur-tout lorsque ces arbres sont en pleine séve ; mais en revanche la goutte excrémenteuse ne s'arrête presque pas ; elle part tout aussitôt, & les grosses Fourmis n'y trouvent pas autant à gagner que dans la petite récolte précédente.

C'est une chose plaisante que leur empressement; on les voit courir, s'agiter, aller d'un Puceron à l'autre, tâcher d'atteindre par-tout & n'attraper presque rien : aussi y a-t-il moins de presse pour les Pucerons noirs; la plûpart des Fourmis de leur suite se rebuttent & l'on en voit à peine trois ou quatre où il en pourroit vivre une trentaine fort à l'aise.

Les Mouches à Miel qui ne ſemblent vivre que de la deſſerte, ou de ce qui échappe à la vigilance, ou à l'adreſſe des groſſes Fourmis, ſont cependant beaucoup mieux ſervies : ayant des outils propres à ramaſſer la Miélée tombée, elles en font d'amples proviſions qu'elles ne ſauroient conſumer elles ſeules ; ſi ce déſir d'accumuler ne tournoit à notre profit, nous ſerions portés à les taxer d'avarice dont l'Abeille d'ailleurs ſeroit bien plutôt l'emblême que la Fourmi. Le plus grand amas ſe fait dans la ſéve abondante de Juin où les Pucerons trouvant de leur côté une nourriture plus facile, ſuccent d'autant à travers l'écorce ; de-là leur vigueur s'accroît, la population augmente & par une ſuite naturelle les déjections deviennent plus grandes & plus fréquentes. (*a*)

(*a*) Ces déjections ſont plus rares en Automne ; j'en ai cependant vû à la fin d'Octobre ſur des Chataigners & des Chênes-blancs qui s'étoient déjà dépouillés de la moitié de leurs feuilles : d'autres Pucerons qui dans ce même-tems étoient plus expoſés à la biſe ne ren-

Au reſte quoique nos Inſectes percent en mille endroits toute l'épaiſſeur de l'écorce juſqu'à l'Aubier & qu'ils privent les rameaux d'une partie du ſuc nourricier, l'arbre ne paroît pas s'en reſſentir ni les feuilles rien perdre de leur verdeur; l'éguillon ou le ſuccoir dont on s'eſt ſervi eſt ſi délié qu'on en diſtingue à peine les traces ſur les endroits percés; ce ne ſont que de legéres ſaignées ſur un corps plein d'humeurs & d'embonpoint.

Ce n'eſt point comme on voit l'hiſtoire des Pucerons que j'ai entrepris de faire; je n'en ai rapporté que ce qui appartenoit à mon ſujet. M^rs. de Reaumur & Bonnet de Gêneve, ont expoſé dans de ſçavans Mémoires ce que la génération de ces Inſectes offroit de curieux & d'intéreſſant. On ſçait en particulier d'après le dernier

doient preſque rien, la Miélée ou les chiures des uns & des autres ſéchoit inutilement ſur les arbres, les Abeilles préféroient celle des fleurs d'Arbouſier qui étoient dans le voiſinage où je les voyois aſſidues & négligoient la Miélée animale.

que la race Puceronne ſe reproduit non-ſeulement enſuite de l'accouplement entre les deux ſexes ; mais, ce qui dût alors bien étonner, les femelles deviennent fécondes ſans avoir eu pendant pluſieurs générations de mere en fille (car il faut ici changer les expreſſions vulgaires) ſans avoir eu disje la compagnie du mâle. Ce ſont de vrais Androgynes, & ils le ſont beaucoup plus que les Limaçons, qui ayant chacun les deux ſexes à la fois ne laiſſent cependant pas de s'accoupler réciproquement ; & comme ſi ce n'étoit pas avoir déjà pouſſé la ſingularité aſſez loin, il ſemble qu'il ſoit indifférent à nos Pucerons d'être Ovipares comme les oiſeaux ou Vivipares comme les quadrupedes ; ils pondent des œufs dans une ſaiſon, ils mettent bas des petits dans une autre.

Mais l'eſpéce dont nous parlons joint à ces propriétés ſingulieres un avantage ou plutôt un mérite qui doit bien plus nous toucher, c'eſt celui de nous être utiles ; puiſque, ſans nuire à nos arbres, elle compoſe un mets qui fait ſouvent l'honneur de nos tables & que les Abeilles, ſeules chargées de le dreſſer, ne refuſent pas de partager avec nous.

Les gros Pucerons noirs qu'on dédaigne & que les Agriculteurs détruiſent même ſans pitié & indiſtinctement avec les eſpéces malfaiſantes mériteroient ſans doute une autre traitement de leur part, ou même une partie de la faveur qu'ils accordent aux Abeilles pour la Fabrique du Miel; ſi l'on cherchoit aucontraire à favoriſer la propagation de ces petits animaux dont on méconnoît les bienfaits, on multiplieroit les ſervices qu'ils nous rendent & l'on augmenteroit la récolte que font les Abeilles.

Plus on s'appliquera à connoître les différentes productions de la nature, mieux on s'appercevra que ſi elles ne tournent pas toutes à notre avantage, elles tendent au moins à d'autres fins qui ſuppoſent dans l'auteur ſouverain qui en eſt le principe, une intelligence profonde & une ſageſſe infinie.

OBSERVATION

D'une Athmoſphère de lumière autour de l'ombre des Corps.

L'OBSERVATION ſuivante peut tenir à des circonſtances qui l'accompagnoient & c'eſt par où j'ai crû devoir commencer.

Je la fis ſur la Chauſſée qui conduit à Tours par la route de Poitier; elle traverſe une Prairie qui regne le long des bords de la Loire. C'étoit au commencement de Mars de mille ſept cent cinquante ſept que j'y paſſois, ſur le ſoir, avec quelques compagnons de voyage, & toute la troupe étoit à cheval. Le ſoleil couchant que nous avions à gauche projettant nos ombres à quinze ou vingt pas loin de nous, les rendoit giganteſques ; elles ſe peignoient enfin ſur le pré plus bas que la Chauſſée où nous étions d'environ une ou deux toiſes.

L'ombre dans cet éloignement du corps

corps qui l'occaſionne n'eſt jamais nettement terminée par ſes bords ; elle va joindre la partie éclairée par une pénombre, ou une dégradation du sombre au clair. Je m'apperçus au contraire que mon ombre étoit bordée d'une lumiere beaucoup plus claire que celle que le ſoleil répandoit tout au tour ſur le pré, qui faiſoit le fond du tableau. Cette lumiere formoit une bande de trois ou quatre pouces de largeur qui s'étendoit au-de-là de l'ombre & qui en ſuivoit exactement les contours ; plus vive ou plus forte par le bord intérieur d'où elle ſembloit partir, elle s'affoibliſſoit inſenſiblement & ſe perdoit en-dehors dans la couleur verte du pré éclairée par le ſoleil.

Je ne ſaurois mieux comparer cette bordure lumineuſe qu'à l'aureole ou au contour de lumiere dont les Peintres environnent la tête & quelquefois tout le corps de leurs ſaints ; ils n'ont pû, je crois, en avoir un modéle plus réel & auſſi parfait, ſi l'on en excepte peut-être ce qu'on appelle la béatification dans les expériences modernes de l'Electricité : la seule différence qu'on pourroit y mettre, c'est que la lumiere de mon ombre n'étoit point rayonnante ou qu'elle ne jettoit pas des rayons distincts, isolés & se débordant l'un l'autre, comme le paroissent ceux de la lumiere d'une lampe qu'on voit de loin pendant la nuit.

J'aurois été trop flatté si j'avois eu le privilége exclusif de l'auréole, qui à la vérité, s'étendoit encore sur l'ombre de mon cheval, je ne soupçonnois pas dans les premiers momens que mes compagnons (*a*) partageassent cet honneur avec moi, ne voyant rien de pareil autour de leur ombre.

Je n'eus rien de plus pressé que de les rendre les témoins & les admirateurs de ce Phénoméne dont j'étois tenté de tirer vanité; mais ils me tirerent d'erreur en m'avouant franchement qu'ils ne voyoient absolument rien de ce qui causoit ma surprise ; &

(*a*) Mrs. de Boulogne d'Angoulême. Mr. de Case de Libourne. Le neveu du célébre Mr. de Château-Brun. Mr. Fonfouillouse garde du Roi.

j'aurois peut-être paſſé chez-eux pour un homme à viſions s'ils ne s'étoient apperçus ſur le champ qu'ils étoient eux-mêmes tout auſſi radieux de gloire que je pouvois l'être. Il arrivoit ici dans le phyſique ce qui n'eſt pas rare dans le moral, ſçavoir, de n'être frappé que de ſon mérite propre & d'être inſenſible à celui d'autrui : chacun de nous voyoit ſon ombre ornée de cette lumiere & n'appercevoit rien autour de celle de ſon voiſin, cette bordure n'exiſtant probablement que pour les yeux placés dans l'ombre même.

Il auroit fallu plus de loiſir pour retourner de pluſieurs façons & dans ce même endroit, cette obſervation que je faiſois au trot ; différentes circonſtances auroient pû me conduire à l'explication, ou m'en faire ſaiſir le fil ; mais on preſſoit d'avancer pour arriver au gîte ; la bordure lumineuſe qui trotoit avec nous, s'affoibliſſant à meſure que le ſoleil baiſſoit, diſparut enfin avec cet Aſtre, avant même qu'il plongeât ſous l'horiſon.

Ce ſingulier Phénoméne n'étoit sûrement pas occaſionné par une lumiere qui ſeroit réfléchie deſſus le contour de nos corps ni par aucune tranſpiration qui s'en fût exhalée ; puiſque ni l'un ni l'autre n'étant pas ſenſible à la vûe dans ſon origine n'auroit pû ſe peindre autour de nos ombres , quand bien même un miroir nous auroit renvoyé celles-ci : c'étoit plutôt l'effet des réflexions de lumiere faites par quelque roſée qui fut ſur le pré ; au moins eſt-il certain que lorſque j'ai cherché à répeter ailleurs cette expérience je n'ai eu aucune apparence ſur l'herbe ſéche ; au lieu que ſur celle qui étoit mouillée de roſée , la tête de mon ombre (mais la tête ſeule) étoit entourée d'une lumiere plus claire à environ un pié & demi ; les gouttes d'eau réfléchiſſant plus vivement vers mes yeux les rayons du ſoleil tombés ſur un certain eſpace autour de l'axe de ma vûe & ſous un certain angle.

Mais cette derniere lumiere qu'on peut voir en tout tems ſur de la pélouſe couverte de roſée & à quelque hauteur que ſoit le ſoleil eſt bien différente de l'Athmoſphère lumineuſe du pré de Tours, bien terminée, plus ſenſible, d'une largeur égale & qui entourant d'ailleurs toute l'ombre étoit par conſéquent hors de l'axe de la vûe, ce qui fait je crois la plus grande difficulté de l'explication : pour avoir un effet ſemblable il faudroit rencontrer les mêmes circonſtances qui l'accompagnoient ce qui eſt extrêmement rare.

J'en juge par un autre Phénoméne d'Optique où il s'agit encore d'ombre, & que je n'ai pû voir qu'une fois, ce fut à Paris ; il y a dix à douze ans qu'étant aux Tuilleries je m'apperçus que toutes les ombres des corps quelconques formées par le ſoleil couchant étoient bleues ; je le fis remarquer aux perſonnes avec qui je me promenois, & j'appris quelque-tems après que M[r]. de Buffon avoit fait une pareille obſervation. Je retournai deux ou trois fois à quelque tems de-là au même endroit à la même heure & dans des circonſtances que je croyois ſemblables; les ombres furent comme à l'ordinaire;

le bleu ne reparut plus, peut-être falloit-il rencontrer pour cette couleur-ci une certaine meſure, ou même une qualité de vapeur qui intercepta tels ou tels rayons ce que différens accidens peuvent faire varier d'un jour, ou peut-être, d'une heure à l'autre.

FIN.

CATALOGUE
DES AUTEURS QUI ONT Écrit sur les Vers à soie & sur les Mûriers, dont on a pû se procurer la connoissance.

Ceux qui ne parlent que du Mûrier & de sa culture, sont marqués par un Astérique.

VIDA (*Marco Geronimo*) de Crémone, Evêque d'Alba dans le Montferat.
De Bombycum curat. & usu, Carminum Libri II. *Lugduni*, 1537 *in*-8°.
Basileæ, 1537 *in*-8°.
Iidem, cum aliis ejusdem Poëmatibus.
Romæ, 1527 *in*-8°.
Parisiis, 1527 *in*-8°.
Basileæ, 1534 *in*-8°.
Cremonæ, 1550 *in*-12.
Lugduni, 1578 *in*-12.
Ibidem, 1586 *in*-12.
Oxonii, cum annotationibus Thomæ Tristam, 1722 & 1723 *in*-4°.

GUIDICIOLO (*Livantio*) de Mantoue.
Avvestimenti bellissimi è molto utili à chi si diletta di allevare è nudrire quéi animali, che fanno la Seta. *in Brescia*, 1564.

CORSUCCIO (*Gian-Andrea*) de Sascorbaro.
Il vermicello della Seta. *in Rimino*, 1581 *in*-4°.

GARZONI (*Tomaso*) de Bagnacavallo.

Ce Poëme a été traduit en Anglois par Mr. Samuel Pulleyn.

Cet Auteur parle des Vers à ſoie dans la *Piazza Universale*, Diſc. 150 imprimée à *Veniſe*, en 1587, 1589 & 1605 *in*-4°.

LIBAVIUS (*Andreas*) de Halle en Saxe, Médecin à Rotembourg.

Bombycia, hoc eſt de natura cultura & opere Bombycum Libri II.

Imprimé dans la Partie II. des *Singularium* de cet Auteur, *Francfort*, 1599 *in*-8°.

T. M. The Silke vorms, and their Fluyes, lively de ſcribed in verſe, &c. *London* 1599.

De SERRES (*Olivier*) ſieur du Pradel.

La cueillette de la Soie pour la nourriture des Vers qui la font. *Paris*, 1599 *in*-8°.

* La ſeconde richeſſe du Mûrier blanc, qui ſe trouve en ſon écorce pour faire des Toiles, non moins utile que la Soie, qui ſe tire de ſes feuilles. *Paris*, 1603 *in*-8°.

De BEROALDE (*François*) ſieur de Verville.

La Sérodocimaſie, ou Hiſtoire des Vers qui filent la Soie, Poëme. *Tours*, 1600 *in*-12.

Le TELLIER (*Jean-Baptiſte.*)

Brief Diſcours contenant la manière de nourrir les Vers à ſoie. *Paris*, 1602.

Mémoire & Inſtruction pour l'établiſſement des Mûriers & Art de faire la Soie en France. *Paris*, 1603 & 1605 *in*-4°.

LAFFÉMAS (*Barthelemi*) ſieur de Bauthor, Valet de Chambre du Roi, Contrôleur-général du Commerce de France. De Beauſemblant en Dauphiné.

* Preuve du Plant & profit des Mûriers. *Paris*, 1603. La façon de ſemer la graine de

Mûrier, & gouverner les Vers à soie. *Paris*, 1604.

* Maniere & façon d'enter, semer & faire Pépinieres de Mûriers blancs, avec l'utilité & profits d'iceux. *Paris*, 1604 *in*-12.

Le Roi (*Benigne.*)

Instruction du plantage des Mûriers, pour Messieurs du Clergé de France, avec les figures pour apprendre à nourrir les Vers, & faire tirer les Soies. *Paris*, 1605 *in*-4°.

La même publiée par le Roi, Jacques Chabot, Jean Vender Vekéne, & Claude Moullet Jardiniers du Roi, & Entrepreneurs dudit Plant. *Paris*, 1615 *in*-4°.

Geffe (*Nicolas.*)

The perfectus Silk Wormer, and their benéfit, &c. With an annexed Discourse of his owne of the meanes ande sufficiencie of the England for to have abundance of fine Silke, by feéding of Silke Wormes. *London*, 1607 *in*-4°.

Instruction for the increasing of Mulberie-trees, and the breeding of Silke Worms, for the making of Silke in England. *London*, 1609 *in*-4°.

Polfranceschi (*Polfrancesco*) de Vérone.

Del modo di coltivar i Mori, insieme con la cura dè vermi della Seta. *in Verona*, 1626 *in*-4°.

Isnard (*Christoplhe.*)

Ce n'est que la traduction d'une Partie de l'Ouvrage de Serrés.

Mémoire & instruction pour le Plant du Mûrier blanc & nourriture des Vers à soie, l'Art de filer, mouliner, & apprêter les Soies dans Paris & lieux circonvoisins. *Paris*, 1645.

Colerus (*Joannes*) de Lubeck.

Dissertatio de Bombyce. *Giessæ*, 1665 *in*-4°.

Malpichi (*Marcello*) Médecin du Pape Innocent XII.

Dissertatio epistolica de Bombyce, cum tabulis xii. *Londini*, 1669 *in*-4°.

Eadem, cum aliis ejusdem Operibus. *Londini*, 1687 *in-folio Lugduni Batavor.* 1687 *in*-4°. 2 vol.

Epistola ad Silvestrum Bonfiliolum Medicum Bononicusem, in quâ adduntur multa ad Historiam Bombycis spectantia. Edita cum aliis Malpighii Operibus posthumis. *Venetiis*, 1743 *in-folio*.

Dans le *Dictionnaire raisonné des Animaux*, par Mr. de L. C. de B. imprimé à *Paris* en 1759 *in*-4°. On a donné dans le Tome IV. pag. 454 l'Histoire Naturelle des Vers à soie, d'après la Dissertation de Malpighi.

Bluteau (*Raphaël*) Théatin.

Instruccam sobre a cultura das Amoreiras, e cria çaõ dos bichos da Seda. *en Lisboa*, 1679.

Instruction du plantage du Mûrier & du Gouvernement des Vers à soie. *Lyon*, 1695 *in*-12.

Avis touchant les Vers à soie, *imprimés dans la seconde édition* du Traité des Mouches à Miel. *Paris*, 1697. *in*-12.

Plaisirs innocens de la Campagne, contenant un Traité des Vers à ſoie. *Amſterdam*, 1699.

TRATTATO de' Cavalieri, overo vermicelli che fanno la ſeda, con il modo di regolarli, è conſervarli da ogni loro infermità IV. edizione. *in Venezia*, 1719 *in-12*.

BARHAM (H. . . . . . .)

Obſervations on Silk Worms, and their Silk. Dans les *Tranſact. Philoſoph.* de l'année 1719 N°. 362.

BERTRAND (*Antoine* du Lieu de St. Bauſile de Putoix. Traité touchant l'œconomie des Vers à ſoie. *Mende*, 1724.

CHOMEL (*Noël*)

* Dans le *Dictionnaire Œconomique* de cet Auteur imprimé à *Lyon* en 1732 *in-fol.* 2 vol. On parle à l'article *Mûrier* de ſa culture & de ſon utilité.

DU HALDE (Jean-Baptiſte) Jéſuite.

Cet Auteur a donné dans la *Deſcription de la Chine*, Tome ſecond, imprimée à *Paris*, 1735 *in-fol.* L'Extrait d'un ancien Manuſcrit Chinois ſur les Vers à ſoie, communiqué par le P. d'ENTRECOLLES Miſſionnaire, & réimprimé dans le VI. vol. de l'*Hiſtoire des Voyages* de M. l'Abbé Prévôt.

Le P. Dominique Fernandez NAVARETTO dans ſon *Trat. tado de la Monarchia di China*, *Madrid*, 1676 *in-folio*. & les PP. Jean de FONTENEY & Louis le COMTE dans leurs Voyages à la Chine parlent auſſi des Vers à ſoie, & de la Soie de Chine.

* Ce Traité eſt copié de l'Ouvrage de Corſuccio.

De Sauvage (François Boissier) Professeur de Médecine en l'Université de Montpellier. Mémoire sur les Vers à soie, & la manière de les élever lû à l'Assemblée publique de l'Académie des Sciences de Montpellier 1740. *Montpellier* 1740 *in-4.* en Traduit en Italien, & imprimé dans les *Memorie di Fisica* T. I. p. 225 *Luques* 1743 *in-12.*

Le Nain (   ) Intendant de Poitou. Mémoire instructif sur les Pépinieres & les Manufactures de Vers à soie, dont le Conseil a ordonné l'établissement dont le Poitou. *Poitiers*, 1742 *in-12.*

Nouvelle édition augmentée. *Poitiers*, 1754 *in-12.*

d'Incarville Missionnaire à *Péking* en 1749. Mémoire Manuscrit sur les Vers à soie Domestiques & Champêtres, envoyé de Chine à Mr. de Mairan.

L'Abbé Boissier de Sauvages (*Augustin.*) Projet d'un Ouvrage sur la manière d'élever les Vers à soie, contenant l'Essai sur les maladies de ces Vers, appellés les *Jaunes* & les *Muscardins*, & des recherches sur la cause qui produit les Muscardins. Lû à l'Assemblée publique de l'Académie des Sciences de Montpellier en 1749. *Montpellier*, 1749 *in-4°.*

On a réimprimé cet Essai dans la seconde édition de l'Ouvrage suivant. Mr. Albergotti l'a traduit en Italien & l'a fait imprimer à *Florence* en 1753.

l'Art de cultiver les Mûriers-blancs, d'éleyer les Vers à ſoie, & de tirer la Soie des cocons. *Paris*, 1754 *in*-8°. fig.

Seconde édition augmentée d'une lettre anonyme qui fait la critique des principaux Ouvrages, qui ont paru ſur les mûriers & les Vers à ſoie. 2°. D'un Mémoire de Mr. l'Abbé de Sauvages ſur la maladie de ces Vers. 3°. D'un Mémoire ſur la plantation des Mûriers.

LIGER (*Louis*)

Dans la *nouvelle Maiſon Ruſtique* de cet Auteur, augmentée par Mr...... *Paris*, 1755 *in*-4°. 2 vol. on y parle liv. 5 chap. 2. pag. 478 des Vers à ſoie, de la manière de les élever & de la Culture des Mûriers.

PULLEYN (Samuel)

The culture of Silk: or an Eſſay on its rational practice aud improvement for the uſe of the Americam Colonies. *London*, 1558 *in*-8°

L'Abbé SOUMILLE (   ) Bénéficier de Villeneuve-lez-Avignon.

* Lettre ſur les Plantations des Mûriers. Dans le *Mercure de France* du mois du Novembre 1759 pag. 183.

PLANTATION & culture du Mûrier. *au Mans*, 1760 *in*-12 C... C... l'Art de multiplier la Soie, ou Traité ſur les Mûriers-blancs, l'éducation des Vers à ſoie, & le tirage des Soies. Imprimé par ordre des Etats de Provence. *Aix* 1760 *in*-12.

ANWEISUNG *zu Seidenbau* &c. Instruction pour élever les Vers à ſoie de la manière la plus avantageuſe, d'après les expériences faites chez l'étranger, & dans la Maiſon des Orphelins de Zullichau. *Zullichau*, 1761 in-8°.

Précis sur la manière d'élever les Vers à Soie. *Tours*, 1763 *in*-8°. fig.

Pomier ( ) Ingénieur des Ponts & Chaussées d'Orléans.

Traité sur la culture des Mûriers-blancs, la manière d'élever les Vers à soie, & l'usage qu'on doit faire des cocons. *Orléans*, 1763 *in*-8. fig.

On place ici les Auteurs suivans qu'on n'a pas pû consulter.

Guidoboni (Gian-battista) de Lucques.

Del Governo dei Cavalieri.

Cacciaseta (*Ortensio.*)

Un anonyme sous ce nom emprunté a fait un *Dialogo*, ou il parle des Vers à soie.

Volpino (Stefano.)

Cet Auteur dans sa Description *del Territorio Colonese* parle des Vers à soie.

Traité curieux des Vers à soie. *Paris*, chez Saugrain.

Rast. ( ) Médecin à Lyon.

Mémoire sur les maladies des Vers à soie.

On n'a pas cru devoir parler dans ce Catalogue de plusieurs autres Auteurs qui ont écrit sur l'Agriculture, & n'ont traité que fort en abrégé du Mûrier & de sa culture, tels que Pierre Crescenzio, Gabriel Alfonse Herrera, Charles Etienne, Augustin Gallo, Marc Bussalo, Jean-Baptiste Porta, Joseph Falcone, &c. ni de ceux qui en ont traité en Botanistes, tels que Leonard Fusch, André Cesalpini, André Mattioli, Jacques Daléchamp, *Bodæus* a Stapel, Jean Parkinson, Jean Bauhin, Jean Ray, &c. ni moins encore de ce que l'Evêque Maioli en a dit dans ses *Dies Caniculares*, en parlant des Insectes.

www.ingramcontent.com/pod-product-compliance
Ingram Content Group UK Ltd.
Pitfield, Milton Keynes, MK11 3LW, UK
UKHW020451180726
13839UKWH00004B/1764

9 782329 314358